C. RENOOZ

La Science

et

l'Empirisme

PRIX : **50** CENTIMES

PARIS

BIBLIOTHÈQUE DE LA NOUVELLE ENCYCLOPÉDIE

76, Rue de Rennes, 76

1898

SOCIÉTÉ NÉOSOPHIQUE

Siège social : Rue de la Tour, 9, Passy, Paris

La Société Néosophique a été fondée dans le but d'étudier les Lois de la Nature et de les appliquer à la vie humaine.

C'est la seule Société qui ait un but aussi élevé et aussi utile. Elle se propose de démontrer qu'il n'est pas de loi si cachée soit-elle qui ne puisse être trouvée et que la Science loin d'avoir fait faillite, est en mesure de donner la solution de tous les grands problèmes, quand on emploie la méthode qui seule donne des résultats certains : la Mathèse.

Elle aspire à conduire l'humanité à une vie plus heureuse, c'est-à-dire à une nouvelle sagesse, comme son titre l'indique, et à supprimer définitivement et pour toujours les erreurs qui ont régné pendant tant de siècles et qui ont été la véritable cause de toutes les souffrances humaines.

Les Néosophes s'engagent, en entrant dans la Société, à donner aux autres l'exemple de la Sagesse en observant les trois préceptes qui servent de base à la Néosophie :

> Le respect de la Vérité
> Le respect de la Femme
> Le courage moral

La Société se réunit deux fois par mois.

L'enseignement donné dans la Société Néosophique comprend quatre degrés.

(C'est un enseignement supérieur qui suppose des connaissances générales déjà acquises).

C. RENOOZ

La Science

et

l'Empirisme

PRIX : **50** CENTIMES

PARIS

BIBLIOTHÈQUE DE LA NOUVELLE ENCYCLOPÉDIE

76, Rue de Rennes, 76

1898

La Science
et l'Empirisme

—

Ce fut un curieux débat que celui que souleva en 1895 l'audacieux qui vint proclamer la banqueroute de la science. Les réponses, si surprenantes, qu'il suscita furent, pour nous, une révélation : les uns, venant dire que la science n'avait pas promis de donner la solution des grands poblèmes de la Nature, les autres, se mettant à côté de la question, et énumérant les progrès de l'industrie.

On ne voulait pas s'apercevoir que c'est des lois biologiques qu'il était question, et non des applications industrielles de la physique. Et personne ne trouva la seule réponse qu'il fallait faire : c'est que pour être déclaré en faillite il faut, d'abord, exister. Or, la Science n'étant pas née, comment aurait-elle pu faire banqueroute ? A cela on va me répondre : Mais, alors, que faites-vous de notre enseignement scientifique, de notre physique, de notre chimie, de notre physiologie, etc., etc.

Je réponds que dans tout cela, dans tout ce qui fait l'objet de l'enseignement universitaire, il n'y a que des méthodes, des procédés, destinés à constater des faits, il n'y a pas la Science.

La Science, la vraie Science (*Scientia* de *scire* savoir) c'est la connaissance des lois de la Nature.

Dans quelle Faculté enseigne-t-on les lois de la Nature ?

Quelles sont les Académies qui les connaissent? Et si elles sont connues, pourquoi le plus autorisé des académiciens est-il venu déclarer publiquement qu'on n'avait pas promis de donner la solution des grands problèmes, c'est-à-dire : la connaissance des lois de la Nature. Pourquoi M. Richet, dans un banquet fameux, a-t-il dit : « Tout le mystère des choses est au-dessus de nous, dans le présent comme dans l'avenir ».

Il y a donc au-dessus de l'enseignement des hommes quelque chose de supérieur qu'ils ne peuvent atteindre ; et ce qu'ils ont, mal à propos, appelé *la science* jusqu'ici, n'est autre chose que l'empirisme, c'est-à-dire des méthodes, des procédés, des expériences (de *empeirikos* — de *en* et *peira*, expérience).

« L'empirique, dit Littré dans son dictionnaire, est celui qui se guide seulement par l'expérience qui n'admet que les recherches de l'expérimentalisme, sans aucune théorie. L'empirisme est le système dans lequel l'origine de nos connaissances est uniquement attribuée à l'expérience. » Et il ajoute : « c'est l'aveugle routine ».

Non seulement c'est la routine, mais, ce qui est plus grave, c'est la négation de la Science.

En effet, la Science c'est la connaissance de quelque chose. Or, quand on a une connaissance acquise on ne cherche plus, puisque l'on sait. Et, quand on sait on est en possession d'une théorie.

La théorie, en effet, c'est le rapport établi entre une loi générale et tous les faits particuliers qui en dépendent. Donc, condamner la théorie c'est condamner la Science.

L'empirisme c'est le doute, la Science c'est la certitude. L'empirique fait des tâtonnements, des recherches, ce qui prouve qu'il *ne sait pas*, le savant affirme, il ne cherche pas.

Cependant, une confusion de mots est arrivée à faire prendre le moyen pour le but, l'empirisme pour la

Science, l'échafaudage qui aide à la construction d'un monument, pour le monument lui-même.

Que dirait-on de celui qui donnerait le nom de *palais* aux mauvaises planches qui servent à élever les matériaux ? Ne serait-il pas aussi absurde que celui qui donne le nom de science à une méthode de recherche. Et de même que l'échafaudage est défait et mis de côté quand le palais est achevé, les méthodes de construction scientifiques ne devraient-elles pas être abandonnées — ou, tout au moins, modifiées, quand la vérité est trouvée, quand le but est atteint ?

Conserver l'échafaudage, c'est masquer la construction. Conserver l'empirisme après que la vérité est trouvée c'est empêcher la manifestation éclatante de la Vérité.

La Science, avons-nous dit, c'est la connaissance des lois de la nature. Or, pour connaître ces lois il faut : ou les chercher, ce qui demande une étude, ou les trouver sans les chercher, ce qui exige une faculté particulière : le génie.

Mais le génie est rare et ceux qui ne le possèdent pas et qui, par conséquent, n'ont rien pu trouver par la mise en jeu de leurs facultés intellectuelles, ont inventé *des méthodes* pour arriver à connaître ce que leur intellect ne leur dévoile pas spontanément.

Ces méthodes constituent l'empirisme, ce sont des tâtonnements isolés, faits à l'aide d'instruments construits, eux-mêmes, sans la connaissance préalables de forces physiques que ces instruments mettent en jeu. C'est ainsi que nous voyons appliquer l'électricité aux recherches de laboratoire par des hommes qui sont incapables de nous dire ce que c'est que l'électricité ; c'est ainsi que nous voyons tirer des conclusions de l'analyse spectrale par des gens qui ignorent absolument la signification des raies du spectre. D'autres, enfin, donnent au microscope une importance capitale, parce que c'est un instrument complaisant qui dit tout ce qu'on veut lui faire dire, qui montre le pour et le contre des choses, suivant la personne qui regarde.

Les empiriques, qui procèdent ainsi, sont dans le même cas que l'aveugle de naissance qui, pour se rendre compte du monde qui l'entoure, invente des moyens qui lui permettent de se conduire sans se heurter aux objets qui encombrent le chemin, qui invente des procédés qui lui permettent, à grand peine, de communiquer sa pensée à ses semblables, de lire la leur en substituant au sens qui lui manque des méthodes relevant d'un autre sens : le toucher.

Certes, son travail ne manque pas de mérite, mais que dirions-nous de l'aveugle qui prétendrait mettre ses procédés d'investigation au-dessus de ceux des gens qui voyent ? Il nous inspirerait de l'étonnement et de la pitié.

Tel est le cas de l'empirique vis-à-vis du génial.

C'est l'aveugle qui veut imposer ses tâtonnements à celui qui voit — à celui *qui sait*.

*   *

Les empiriques se divisent en deux catégories : les naïfs et les charlatans.

Les naïfs sont ceux qui croyent que la méthode dite expérimentale, est véritablement *la science*, ceux qui prennent l'échaffaudage pour la construction elle-même

et ne semblent pas se douter que si les savants modernes
ont des méthodes, ils n'ont pas de science.

Les charlatans sont ceux qui ne s'appuyent sur l'expérimentalisme que parce qu'il est à la mode et peut leur
donner de l'influence dans un certain monde ; ils jouent
au savant, font de leur prétendue science un privilège,
de leurs laboratoires des temples réservés aux initiés.

Chez les uns comme chez les autres on rencontre le plus
grand entêtement, la plus grande intolérance. Chez les
premiers parce que les esprits médiocres mettent toujours de l'opiniâtreté dans leurs erreurs ; chez les seconds
parce qu'en défendant leurs méthodes ils défendent un
intérêt personnel. +

Ce n'est pas seulement l'entêtement qui caractérise
l'empirique, c'est aussi l'envie. Ne dites pas à cet aveugle
qu'un autre est doué du sens visuel qu'il n'a pas, cela
l'irrite. Il traite de *rêve* et d'*illusion* le spectacle de la
Nature qu'il ne voit pas, l'enchaînement des faits qui
n'existent pas pour lui, qu'il ne connaîtra jamais.....

Il en résulte que ces deux êtres vivent dans des mondes
totalement différents : le génial qui a la vue de l'esprit,
c'est-à-dire qui pense, vit dans le monde de l'abstrait,
l'empirique, qui n'a pas cette faculté, vit dans un milieu
concret — il ne connaît que ce que ses yeux lui révèlent
— il ne pense pas.

LA MATHÈSE

Naturellement, le génial n'emploie pas les méthodes
de l'empirique, il les dédaigne, comme celui qui voit
dédaigne de constater, par le toucher, la présence des
objets que sa vue lui révèle.

C'est le génial qui institua dans l'antiquité, la MATHÈSE,
c'est-à-dire l'*ordre*, qui n'est pas seulement *une* science,

mais LA SCIENCE, et son nom ne signifie que cela. Pour les Grecs c'était *la seule science*, elle comprenait toutes les autres.

Burdeau dit de la mathémathique — qui en est la forme moderne (1):

« Avec des définitions précises et des axiomes certains, la Mathématique établit des déductions sûres, tant que le raisonnement se maintient dans les voies de l'évidence logique. C'est pourquoi la science des grandeurs porte, à l'exclusion de toute autre, le titre glorieux d' « exacte ». Cela signifie, surtout, que moins qu'aucune autre, elle est sujette à l'erreur. La perception a ses méprises, la conception ses lacunes, l'induction ses témérités, l'opinion ses dissidences, l'observation ses mécomptes, l'expérience ses égarements. Seule, la déduction ne trompe point, quand elle suit la loi du raisonnement. La science qu'elle établit, progresse avec plus ou moins de lenteur ; mais ses vérités, une fois démontrées, sont parfaites, définitives et ne changent plus.

La théorie de l'ordre est l'unique exemple d'une construction scientifique ne laissant rien à désirer..... A ce titre, elle méritait le nom de « science par excellence » (*Mathésis*) que les Grecs lui avaient donné. Elle est la science type, l'idéal de connaissance certaine, proposé pour modèle à toutes les sciences de faits, mais dont celles-ci ne se rapprochent qu'en lui empruntant sa méthode. »

Or, il ne peut y avoir *ordre*, c'est-à-dire succession logique d'idées, qu'à la condition d'embrasser un ensemble

---

(1) Il ne faut pas confondre la mathématique avec le calcul ou la géométrie, parce que la Mathèse a été appliquée à ces sciences. Quand je parle de la Mathèse, j'entends, comme entendait l'antiquité, une méthode applicable à toutes les sciences, mais qui n'est spéciale à aucune d'elles.

de faits, et, pour embrasser un grand nombre de faits, il faut posséder un cerveau dont la disposition primitive n'ait pas été troublée — un cerveau vierge, pourrait-on dire — non pas d'idées reçues, mais des troubles psychologiques que la sexualité jette dans la vie morale et intellectuelle de l'homme.

Ces conditions sont réalisées chez les enfants et chez les femmes. C'est cet ordre, qui règne dans le cerveau de l'enfant, qui lui fait exprimer, naïvement, les idées les plus justes, il a, sans qu'il s'en doute — et sans qu'on s'en doute — l'esprit mathématique, c'est à-dire l'enchaînement logique des opérations intellectuelles, ce qui lui permet de regarder toujours *en avant*, c'est-à-dire dans leur ordre naturel, les phases que peut présenter un phénomène : et c'est par cette vue droite que l'on arrive à les déduire les unes des autres.

L'homme, au début de son existence, possède des facultés qu'il perdra dans la suite de son évolution, par le fait même de la sexualité qui lui fera voir *en arrière*, c'est-à-dire, dans un ordre renversé, les idées qui sont successives et liées entre elles.

Il perdra donc l'esprit mathématique en raison de sa progression sexuelle.

La femme garde, toute sa vie, les conditions de l'enfance. Elle continue, à travers son évolution spéciale, à voir la Nature, avec les phénomènes qui s'y produisent, sous le même aspect que l'enfant, c'est-à-dire dans le même ordre. Elle peut donc, comme lui, révéler spontanément des vérités qu'elle aperçoit sans les chercher. Cette faculté s'appelle l'*intuition*. Dans l'antiquité, on l'appelait la *voyance*.

Mais ces facultés naturelles à l'enfant et à la femme ne peuvent être reconquises par l'homme qu'à l'aide d'un grand effort, dans une vie de lutte contre la passion envahissante. Lorsqu'il triomphe de sa prédisposition naturelle à l'erreur, il fait preuve de génie.

La grande division, qui a régné à toutes les époques de l'histoire, sur les moyens d'arriver à connaître la vérité, prouve que, toujours, il y a eu, dans le monde, deux courants intellectuels allant, par des voies différentes, à la recherche du vrai ; les uns sûrement et promptement, les autres lentement et en tâtonnant.

La Grèce, au temps de Platon, était déjà engagée dans cette grande lutte.

Nous lisons ceci dans le Philèle :

« Platon met au-dessus de toutes les sciences qui n'ont pour objet que l'arbitraire et le contingent, au-dessus des sciences empiriques, celles qui s'occupent de vérités universelles et nécessaires. Il les appelle sciences directrices, parce qu'elles fournissent, à toutes les autres, un point de départ, une impulsion, une lumière, un but. En effet, ôtez aux sciences empiriques l'arithmétique, la géométrie, la physique mathématique, et la morale désintéressée, il ne vous reste que des arts et non des sciences, des routines, au lieu de méthodes et, à la place de règles fécondes, des tâtonnements et des calculs incertains. Partout et toujours, le caractère scientifique est l'abstrait et le pur, l'universel et le nécessaire.

Laissons aller les sciences empiriques à la suite des sciences plus pures, pourvu que, d'abord, nous nous soyons mis en possession de celles-là. Car les sciences empiriques, si dédaigneuses et si vaines lorsqu'elles nous font illusion sur les sciences véritables, dont elles nous écartent, sont bonnes et vraies quand on les a rendues au rapport qu'elles devraient toujours garder avec la science et la vérité. »

Cependant, aux époques où l'on *pensait* encore, on

regardait ceux qui substituaient les *machines* à la pensée comme des charlatans, ils étaient le petit nombre. Puis, peu à peu, la pensée s'obscurcissant graduellement, les empiriques augmentèrent.

Souvent aussi, leur science eut un côté commercial. A côté d'une prétendue découverte on vendait quelque chose, un remède, un appareil, un filtre par exemple pour préserver l'eau d'impuretés quelquefois imaginaires, et les naïfs se laissaient prendre à tout cela.

Les choses continuèrent ainsi, l'incapacité augmentant, d'une part, le désir de jouir de la gloire ou de la fortune augmentant dans la même proportion, on arriva à ne plus penser du tout et, bientôt, l'empirisme domina tout.

C'est alors que quelques-uns se récrièrent, quelques esprits, restés lucides, que cette façon de procéder révoltait. Mais, comme ils étaient le petit nombre, on les faisait taire en criant bien haut que ceux qui pensaient *divaguaient* et qu'il n'y avait de science que dans l'empirisme. Cela alla si loin que le mot *science* lui-même, perdit sa première signification et, au lieu de signifier *connaissance*, arriva à ne plus désigner que *recherche*.

Du reste, dans la discussion, on ajoutait à tous les raisonnements faux, sur lesquels on s'appuyait, les procédés habituels du despotisme : la mauvaise foi et la violence oratoire.

Cependant il s'est trouvé des hommes qui ont protesté. M. Würtz fut de ceux-là. Il dit ceci, dans ses *Leçons de philosophie chimique* :

« Le noble but de la science contemporaine, elle ne pourra l'atteindre que par des voies sûres, mais lentes : l'expérience *guidée par la théorie*.

En chimie, du moins, l'empirisme a fait son temps, les problèmes posés nettement, veulent être abordés de front et désormais les conquêtes raisonnées de l'expérience ne laisseront qu'une place de plus en plus amoindrie aux trouvailles fortuites et aux surprises du creuset.

Arrière donc les détracteurs de la théorie qui vont en quête de conquêtes, qu'ils ne savent ni prévoir ni préparer ; ils moissonnent où ils n'ont pas semé. Mais vous, travailleurs courageux, qui tracez méthodiquement vos sillons, je vous félicite. Vous pouvez rencontrer des déceptions mais votre ouvrage sera fructueux et les biens que vous amasserez seront de vrais trésors de science. »

Dans un éloquent panégyrique prononcé le 11 décembre 1866 à l'Académie de médecine, M. Béclard rappelait que Gerdy insistait souvent sur les difficultés, les incertitudes, les contradictions de la méthode expérimentale.

Déjà Nelaton avait cité devant les élèves de la Faculté ces paroles de ce même professeur, dont il faisait l'éloge : « On ferait un livre curieux avec les discordances sur les mêmes faits des expérimentateurs physiologistes ».

Tels sont les aveux des hommes sincères qui reconnaissent l'impuissance des méthodes actuellement à la mode.

Mais à côté de ces aveux, de bonne foi, nous en trouvons qui ont un autre caractère et dans lesquels on reconnaît, sans peine, l'incapacité envieuse qui dénigre la pensée, parce qu'elle ne peut pas y atteindre.

Ceux-là nous disent qu'il ne faut pas chercher les causes, ce qui, du reste, est aussi logique de leur part que le serait l'affirmation de l'aveugle déclarant qu'il ne faut pas chercher à voir. Le ton qu'ils mettent dans leurs déclamations suffit, à lui seul, pour révéler leur incapacité.

Jugez-en.

« Cette singulière manie de vouloir construire la Nature par la pensée, au lieu de le faire par l'observation, a complètement échoué et la défaveur de ce système est telle que le nom de *philosophe de la Nature* n'est presque plus qu'un terme de mépris dans la science. » (Buchner, *Force et Matière*, préface vu).

Et plus loin :

« Elle nous a gratifiés d'une école préconçue. On disait, dans ce temps-là : « Qu'est-il besoin d'observer ? Il suffit « de penser avec justesse pour tout résoudre. » Dans mes premiers écrits je me suis élevé avec violence contre cette tendance. »

Faut-il insister pour montrer que ceux qui s'élèvent ainsi *avec violence* contre la pensée juste sont des hommes dont la pensée est toujours fausse. Ceux-là, évidemment, ont grandement raison de douter d'eux-mêmes, mais il serait plus sage à eux de ne pas se mêler aux luttes scientifiques puisqu'il leur manque la première condition nécessaire pour connaître la Nature : la logique. Jamais ils ne remplaceront cette *justesse de la pensée* par l'observation.

C'est pour masquer la défectuosité de leurs moyens intellectuels qu'ils ont tant vanté les méthodes qu'ils ont substituées à la pensée. Le bruit qu'ils ont fait a pu convaincre les faibles d'esprit, mais jamais les gens qui pensent, et qui *pensent juste*, ne se laisseront tromper par de pareilles déclamations.

M. Büchner qui condamne si violemment la pensée des autres sait, cependant, s'en servir. Dans son petit livre de 200 pages, qui a fait tant de bruit : *Force et Matière* il nous donne un résumé du remarquable ouvrage du philosophe d'Holbach : *Le système de la Nature*, publié en 1780. D'Holbach, dans un ouvrage en deux volumes, nous expose un système bien autrement complet, bien autrement raisonné que celui de M. Büchner qui, tout en le copiant, ne le cite qu'une fois. On dirait qu'il évite d'attirer l'attention du lecteur sur les œuvres de cet auteur qu'il a laissé *penser pour lui*. Cependant, tout, dans *Force et Matière*, n'est pas pris au *Système de la*

Nature. Il y a des chapitres tout entiers copiés dans le livre de Moleschott : *La circulation de la vie*; tel, tout le chapitre *Cerveau et âme* (page 111), presqu'identique au chapitre de Moleschott intitulé *La Pensée.*

Quels que soient les jeux du hasard, il est difficile d'admettre que deux auteurs différents arrivent ainsi à écrire le même livre, citent partout les mêmes faits, les mêmes exemples, expriment les mêmes pensées avec des phrases souvent identiques.

Or, c'est depuis que M. Büchner s'est élevé avec tant de violence, contre la pensée (des autres) qu'on a, partout, procédé à l'enterrement de tout ce qui émane de la pensée (1). On a appelé, dédaigneusement, toutes les conceptions que cet auteur — et d'autres comme lui — ne pouvaient avoir *des théories*, sans se douter que l'on faisait un aveu d'ignorance, après avoir fait un aveu d'incapacité, car le mot *théorie* désigne *le rapport établi entre un fait général et tous les faits particuliers qui en dépendent.*

Or, comment peut-on établir des lois de la Nature sans faire de théorie?...

La supériorité des méthodes mathématiques sur l'empirisme n'est plus à démontrer, mais il fallait savoir les appliquer aux sciences biologiques, afin de pouvoir expliquer *les évolutions.* C'est ce que j'ai fait, et c'est ce qui m'a valu les anathèmes des expérimentalistes qui n'ont eu qu'un mot pour me condamner : Vous faites des théories.

Cournot dit : « Les mathématiques offrent ce caractère particulier et bien remarquable, que tout s'y démontre par le raisonnement seul, sans qu'on ait besoin de faire

____

(1) Chose curieuse, c'est sous prétexte de combattre l'intolérance théologique, qui condamne la pensée libre, que l'on tombe dans le même système. En condamnant les facultés de l'esprit M. Büchner ne fait que continuer le système de l'Eglise.

aucun emprunt à l'expérience et que, néanmoins, tous
les résultats obtenus sont susceptibles d'être confirmés
par l'expérience, dans les limites d'exactitude que
l'expérience comporte. Par là les mathématiques réunis-
sent, au caractère de science rationnelle, celui de science
positive, dans le sens que la langue moderne donne à ce
mot ».

« L'ordre mathématique inspire la conception de
l'ordre physique » Et Duval Jouve dit ceci :

« Ce qui est acquis dans les sciences de démons-
tration, dans les mathématiques, par exemple, est absolument parfait ; ce qui est acquis dans les sciences
d'observation est indéfiniment perfectible et, conséquem-
ment variable ou, du moins, conserve ce caractère
jusqu'au moment où la démontration devient possible ».

Ajoutons que l'observation et l'expérience n'ont de
valeur qu'à la condition qu'on sache les interpréter. Les
faits qu'elles constatent n'existent, dans la science, que
par la place qu'ils peuvent occuper dans une théorie.

Du reste, ceux qui vantent tant l'observation et l'expérience n'ont jamais pensé qu'il pût en être autrement,
puisqu'ils ont toujours fait servir les faits à la confir-
mation d'une idée préconçue, d'une *théorie*, souvent
fausse, si bien qu'ils ont travaillé à fausser la science
plutôt qu'à l'éclairer. Il y a donc lieu de distinguer la
Science de l'empirisme.

La Science est toujours abstraite — elle ne se fait que
par *la pensée*. L'empirisme est toujours concret, il se fait
avec les sens et c'est pour cela qu'il est sujet à l'erreur.
Nos sens ne nous montrent que des apparences.

(Faut-il rappeler le mouvement apparent du soleil qui
avait fait croire à la stabilité de la terre, erreur prove-
nant de l'observation et que l'on a détruite par *la pensée*).

C'est donc par abus que l'on a appliqué le mot *preuve*

à l'observation, qui n'est qu'une constatation isolée, qui ne prouve rien puisqu'elle peut entrer dans plusieurs théories et servir à appuyer les idées les plus contradictoires.

Quant à l'expérience elle n'aurait de valeur que si elle était au service de la Science — si elle la suivait, au lieu de vouloir la précéder, si elle était instituée avec la connaissance des forces mises en jeu par les instruments de laboratoire, c'est-à-dire si les lois de la Nature étaient connues avant d'expérimenter. Cette condition n'a pas encore été réalisée. La science moderne a expérimenté dans l'ignorance des lois, elle a procédé par tâtonnements, elle n'a fait qu'un empirisme sans valeur.

Cl. Bernard qui, quoique savant expérimentaliste, possédait un esprit clairvoyant, disait que pour instituer une expérience il fallait une *idée directrice*.

Or, si l'idée directrice est avant l'expérience, *la pensée* est avant l'observation. Et si la pensée est *avant*, c'est devant la pensée qu'il faut s'incliner et non devant les méthodes qui la contrôlent..... ou, quelquefois, la dénaturent.

Le laboratoire c'est la cuisine du PALAIS DE LA SCIENCE. On n'y descend que quand on n'est pas digne de s'asseoir à la table des maîtres.

Beauvais. — Imprimerie Professionnelle, 4, rue Nicolas-Godin.

Iᵉʳ Degré

La Néosohpie explique d'abord la *Psychologie comparée*, c'est-à-dire les différences de la mentalité féminine et masculine. Elle montre que, avant de chercher à penser il faut savoir *comment* chacun pense il faut savoir quelle méthode on emploiera pour travailler à la recherche de la vérité.

IIᵉ Degré

Etude de la Cosmologie, de l'Evolution des astres et du Principe cosmique qui génère la vie.

Etude de la réelle constitution de la matière et des lois physiques et chimiques qui en résultent.

IIIᵉ Degré

Explication de l'Origine végétale des animaux aériens et de l'origine minérale des animaux aquatiques.

Etude de l'Evolution sexuelle qui montre que toutes les lois de la physiologie sont différentes dans les deux sexes, et que la médecine ne deviendra scientifique que quand elle connaîtra ces différences.

IVᵉ Degré

Révision de l'histoire, particulièrement de l'histoire des religions et de l'évolution morale des sociétés.

Triomphe de l'Exègèse (l'art d'expliquer les textes Bibliques).

Toutes ces études apportent des idées nouvelles parce qu'elles sont faites par des méthodes nouvelles. Les Néosophes ne font jamais d'hypothèses; ils ont pour principe de n'enseigner que ce qu'ils peuvent démontrer.

La Nésophie est la Sagesse qui résulte de la connaissance des lois de la Nature formulées dans *La Nouvelle Science*.

Etre Néosophe c'est être meilleur et plus savant que les autres, c'est donc posséder les qualités nécessaires pour travailler à la régénération de l'humanité.

BIBLIOTHÈQUE DE LA NOUVELLE ENCYCLOPÉDIE
76, rue de Rennes, 76 — PARIS

OUVRAGES DU MÊME AUTEUR

L'Origine des Animaux (1883), 1 vol. grand in-8°. . . . . . **8 fr.**

La Nouvelle Science. Synthèse des lois de la Nature divisée en 6 livres :

LIVRE I. — *La Force* (1890), 1 vol in-8°. . . . . **4 fr.**

LIVRE II. — *Le Principe générateur de la vie* (1890), 1 vol. in-8° . . . . **4 fr.**

LIVRE III. — *L'Évolution de l'homme et des animaux* (1890). 1ʳᵉ Partie : Les Mammifères. (Origine végétale démontrée par 450 preuves.) 1 vol. in-8°. . . . **4 fr.**

LIVRE IV. — *L'Évolution sexuelle.* (Physiologie différente de l'homme et de la femme.) Ouvrage achevé mais non imprimé.

LIVRE V. — *Psychologie comparée de l'homme et de la femme,* 1 vol. gr. in-8° de 576 pages. . . . . . . **10 fr.**

LIVRE VI. — *La Religion :* Son origine — son évolution — sa décadence — sa renaissance sous une forme scientifique.

Histoire de la Pensée humaine et de l'Évolution morale de l'Humanité à travers les âges et chez tous les peuples, 4 vol. gr. in-8°. . . . . . . **40 fr.**

La Nouvelle Doctrine de l'Évolution. (Origine végétale.) Résumé (1891). . . . . **1 fr.**

Beauvais. — Imprimerie Professionnelle, 4, rue Nicolas-Godin.